建设工程消防设计审查验收标准条文摘编

标准目录分册

孙　旋　主编

中国建筑工业出版社

图书在版编目（CIP）数据

建设工程消防设计审查验收标准条文摘编. 1，标准目录分册 / 孙旋主编. — 北京：中国建筑工业出版社，2021.12
ISBN 978-7-112-26987-7

Ⅰ. ①建… Ⅱ. ①孙… Ⅲ. ①建筑工程－消防－工程验收－国家标准－汇编－中国 Ⅳ. ①TU892—65

中国版本图书馆CIP数据核字（2021）第260654号

责任编辑：石枫华　李　杰
文字编辑：刘诗楠　葛又畅
责任校对：张　颖

建设工程消防设计审查验收标准条文摘编
孙　旋　主编

*

中国建筑工业出版社出版、发行（北京海淀三里河路9号）
各地新华书店、建筑书店经销
北京红光制版公司制版
北京同文印刷有限责任公司印刷

*

开本：880毫米×1230毫米　1/16　印张：141¾　插页：2　字数：6098千字
2022年3月第一版　　2022年3月第一次印刷
定价：498.00元（共七册）
ISBN 978-7-112-26987-7
（38678）

版权所有　翻印必究
如有印装质量问题，可寄本社图书出版中心退换
（邮政编码 100037）

编 委 会

主编单位：
中国建筑科学研究院建筑防火研究所

参编单位：
中国城市规划设计研究院（住房和城乡建设部遥感应用中心）
鄂尔多斯市东胜区消防工程技术服务中心
建研防火科技有限公司
南京市建设工程消防审验服务中心

主编：
孙　旋

副主编：
刘文利　刘松涛　徐匆匆　李　昂　赵富森　相　坤　王金平　袁沙沙

主要编著人员：

李宏文	张向阳	李　磊	仝　玉	肖泽南	王大鹏	张　昊	侯春源
胡胜斌	顾　胜	丘桂宁	沈　骅	费宏笋	沈　伟	任国栋	李波茵
张　召	韩　廷	张晓天	祝　飞	刘海静	刘　庆	孟天畅	郭　伟
王　帅	雒世骏	张　玮	樊　莉	马子超	耿伟超	蔚世鹏	王　楠
晏　风	周欣鑫	王志伟	石　超	王　雨	畅若妮	宋云龙	端木祥玲
詹子娜	朱　凯	杨倚天	张琦翔	权　赫	赵利宏	汪茂海	刘　涛
郝　杨	于利群	田　聪	李东杰	陈　光	刘大维	刘　鹏	刘　瑞
张亚楼	吕　赫	王　刚	欧阳知	龙登忠	盛伟军	王文涛	张建清
董卫国	王菁川	李玉忠	赵金龙	张　捷			

前　言

　　法规及标准是依法依规开展消防设计审查验收工作的重要依据和支撑。目前，我国已发布、修订的现行工程建设消防标准及涉及消防相关规定的标准共计848部，在实际的消防设计审查验收工作中查找相关标准较为烦琐。为便于消防设计、施工、审查、验收人员执行消防技术标准，在住房和城乡建设部建筑节能与科技司的指导下，中国建筑科学研究院建筑防火研究所组织相关人员，对建设工程领域技术标准分类归纳，面向工程建设实际需要，结合编委长期从事建设工程防火安全工作体会，对技术标准条文进行分类梳理并摘录，期待从业人员通过此摘编能够快速熟悉并贯彻落实消防标准，有效提高工作效率。

　　本摘编对消防设计审查验收相关标准进行了梳理，并筛选出强制性条文、含"应""不应""必须"等词语的相关条文，涉及相关标准共计653部。本摘编对相关的标准进行了分类，共分七册，分为目录分册、通用分册和专用分册。其中第一册为标准目录分册，包含目录、分册、标准目录；第二册至第三册为通用标准分册，通用标准是指所有建设工程可能涉及的标准，其中通用标准分册1为综合与建筑防火专业领域和消防给水与灭火专业领域，通用标准分册2包含防烟排烟与暖通空调专业领域、电气与智能化专业领域、结构与构造专业领域和其他专业领域；第四册至第七册为专用标准分册，专用标准是指31类专业建设工程相关的标准，其中专用标准分册1为房屋建筑工程，专用标准分册2包含市政工程、铁路工程、公路工程、水利工程、煤炭矿山工程和水运工程，专用标准分册3包含民航工程、航天与航空工程、兵器与船舶工程、农业工程、林业工程、粮食工程、石油天然气工程、石化工程和化工工程，专用标准分册4包含火电工程、水电工程、核工业工程、建材工程、冶金工程、有色金属工程、机械工程、医药工程、轻工工程、纺织工程、商业与物资工程、电子与通信工程和广播电影电视工程。

　　由于消防标准数量多，加上编者水平有限，书中疏漏及错误之处难免，恳请读者批评指正，以便今后修订时参考，不胜感激！在使用过程中，如有建议和问题请扫描本书封底的二维码提出。

本书编委会
2021年11月

索 引 说 明

　　本书共分七册，分别为《标准目录分册》《通用标准分册1》《通用标准分册2》《专用标准分册1》《专用标准分册2》《专用标准分册3》《专用标准分册4》。《标准目录分册》为总索引目录，可根据其查询相关类别工程所属。例如，可通过《标准目录分册》查询到"房屋建筑工程"的页码为6，在《标准目录分册》正文第6页，可查到"房屋建筑工程"涉及的相关规范名称。如进一步查找相关规范内容，可根据规范后对应的编号，查询该规范所属的分册，如"房屋建筑工程"中，《农村防火规范》GB 50039—2010 的编号为"3—3"，表示其为《专用标准分册1》中第3个规范，根据《专用标准分册1》目录，可查到其在本分册的页码为18，在正文中便可查询到相关具体内容。

目 录

通用标准分册 1 ··· 1
    1.1 综合与建筑防火专业领域 ··· 1
    1.2 消防给水与灭火专业领域 ··· 1

通用标准分册 2 ··· 3
    2.1 防烟排烟及暖通空调专业领域 ·· 3
    2.2 电气与智能化专业领域 ·· 3
    2.3 结构与构造专业领域 ·· 4
    2.4 其他专业领域 ·· 5

专用标准分册 1 ··· 6
    3.1 房屋建筑工程 ·· 6

专用标准分册 2 ··· 8
    4.1 市政工程 ·· 8
    4.2 铁路工程 ·· 10
    4.3 公路工程 ·· 10
    4.4 水利工程 ·· 10
    4.5 煤炭矿山工程 ·· 10
    4.6 水运工程 ·· 11

专用标准分册 3 ··· 12
    5.1 民航工程 ·· 12
    5.2 航天与航空工程 ·· 12
    5.3 兵器与船舶工程 ·· 12
    5.4 农业工程 ·· 12
    5.5 林业工程 ·· 12
    5.6 粮食工程 ·· 13
    5.7 石油天然气工程 ·· 13
    5.8 石化工程 ·· 14
    5.9 化工工程 ·· 15

专用标准分册 4 ··· 16
    6.1 火电工程 ·· 16
    6.2 水电工程 ·· 17

6.3 核工业工程	18
6.4 建材工程	18
6.5 冶金工程	18
6.6 有色金属工程	19
6.7 机械工程	19
6.8 医药工程	19
6.9 轻工工程	20
6.10 纺织工程	20
6.11 商业与物资工程	21
6.12 电子与通信工程	21
6.13 广播电影电视工程	21

通用标准分册 1

1.1 综合与建筑防火专业领域

《建筑设计防火规范》GB 50016—2014（2018年版） ············ 1-1
《建筑内部装修设计防火规范》GB 50222—2017 ············ 1-2
《建筑内部装修防火施工及验收规范》GB 50354—2005 ············ 1-3
《防灾避难场所设计规范》GB 51143—2015 ············ 1-4
《灾区过渡安置点防火标准》GB 51324—2019 ············ 1-5
《城市消防规划规范》GB 51080—2015 ············ 1-6
《城市消防站设计规范》GB 51054—2014 ············ 1-7
《建设工程施工现场消防安全技术规范》GB 50720—2011 ············ 1-8
《建设工程施工现场供用电安全规范》GB 50194—2014 ············ 1-9
《消防电梯制造与安装安全规范》GB 26465—2011 ············ 1-10
《建筑消防设施检测技术规程》XF 503—2004 ············ 1-11
《消防产品现场检查判定规则》XF 588—2012 ············ 1-12
《住宿与生产储存经营合用场所消防安全技术要求》XF 703—2007 ············ 1-13
《人员密集场所消防安全评估导则》XF/T 1369—2016 ············ 1-14
《城市消防站建设标准》建标 152—2017 ············ 1-15
《消防训练基地建设标准》建标 190—2018 ············ 1-16

1.2 消防给水与灭火专业领域

《消防给水及消火栓系统技术规范》GB 50974—2014 ············ 1-17
《自动喷水灭火系统设计规范》GB 50084—2017 ············ 1-18
《自动喷水灭火系统施工及验收规范》GB 50261—2017 ············ 1-19
《固定消防炮灭火系统设计规范》GB 50338—2003 ············ 1-20
《固定消防炮灭火系统施工与验收规范》GB 50498—2009 ············ 1-21
《水喷雾灭火系统技术规范》GB 50219—2014 ············ 1-22
《细水雾灭火系统技术规范》GB 50898—2013 ············ 1-23
《气体灭火系统设计规范》GB 50370—2005 ············ 1-24
《气体灭火系统施工及验收规范》GB 50263—2007 ············ 1-25
《泡沫灭火系统技术标准》GB 50151—2021 ············ 1-26
《二氧化碳灭火系统设计规范》GB 50193—93（2010年版） ············ 1-27
《干粉灭火系统设计规范》GB 50347—2004 ············ 1-28
《卤代烷 1301 灭火系统设计规范》GB 50163—92 ············ 1-29
《卤代烷 1211 灭火系统设计规范》GBJ 110—87 ············ 1-30
《建筑灭火器配置设计规范》GB 50140—2005 ············ 1-31

《建筑灭火器配置验收及检查规范》GB 50444—2008 ······ 1-32
《建筑给水排水设计标准》GB 50015—2019 ······ 1-33
《建筑给水排水及采暖工程施工质量验收规范》GB 50242—2002 ······ 1-34
《给水排水管道工程施工及验收规范》GB 50268—2008 ······ 1-35

通用标准分册 2

2.1 防烟排烟及暖通空调专业领域

《建筑防烟排烟系统技术标准》GB 51251—2017 ········ 2-1
《民用建筑供暖通风与空气调节设计规范》GB 50736—2012 ········ 2-2
《通风与空调工程施工质量验收规范》GB 50243—2016 ········ 2-3
《通风与空调工程施工规范》GB 50738—2011 ········ 2-4
《工业建筑供暖通风与空气调节设计规范》GB 50019—2015 ········ 2-5
《防排烟系统性能现场验证方法 热烟试验法》XF/T 999—2012 ········ 2-6
《多联机空调系统工程技术规程》JGJ 174—2010 ········ 2-7
《公共建筑节能改造技术规范》JGJ 176—2009 ········ 2-8

2.2 电气与智能化专业领域

《火灾自动报警系统设计规范》GB 50116—2013 ········ 2-9
《火灾自动报警系统施工及验收标准》GB 50166—2019 ········ 2-10
《消防应急照明和疏散指示系统技术标准》GB 51309—2018 ········ 2-11
《消防控制室通用技术要求》GB 25506—2010 ········ 2-12
《城市消防远程监控系统技术规范》GB 50440—2007 ········ 2-13
《消防通信指挥系统设计规范》GB 50313—2013 ········ 2-14
《消防通信指挥系统施工及验收规范》GB 50401—2007 ········ 2-15
《建筑电气工程施工质量验收规范》GB 50303—2015 ········ 2-16
《综合布线系统工程验收规范》GB/T 50312—2016 ········ 2-17
《建筑电气照明装置施工与验收规范》GB 50617—2010 ········ 2-18
《建筑电气工程电磁兼容技术规范》GB 51204—2016 ········ 2-19
《综合布线系统工程设计规范》GB 50311—2016 ········ 2-20
《通用用电设备配电设计规范》GB 50055—2011 ········ 2-21
《建筑照明设计标准》GB 50034—2013 ········ 2-22
《古建筑防雷工程技术规范》GB 51017—2014 ········ 2-23
《电动汽车充电站设计规范》GB 50966—2014 ········ 2-24
《电动汽车电池更换站设计规范》GB/T 51077—2015 ········ 2-25
《电动汽车分散充电设施工程技术标准》GB/T 51313—2018 ········ 2-26
《供配电系统设计规范》GB 50052—2009 ········ 2-27
《低压配电设计规范》GB 50054—2011 ········ 2-28
《矿物绝缘电缆敷设技术规程》JGJ 232—2011 ········ 2-29
《民用建筑电气设计标准》GB 51348—2019 ········ 2-30
《住宅建筑电气设计规范》JGJ 242—2011 ········ 2-31
《交通建筑电气设计规范》JGJ 243—2011 ········ 2-32
《教育建筑电气设计规范》JGJ 310—2013 ········ 2-33

《会展建筑电气设计规范》JGJ 333—2014 ······ 2-34
《体育建筑电气设计规范》JGJ 354—2014 ······ 2-35
《商店建筑电气设计规范》JGJ 392—2016 ······ 2-36
《金融建筑电气设计规范》JGJ 284—2012 ······ 2-37
《太阳能光伏玻璃幕墙电气设计规范》JGJ/T 365—2015 ······ 2-38
《体育建筑智能化系统工程技术规程》JGJ/T 179—2009 ······ 2-39

2.3 结构与构造专业领域

《建筑钢结构防火技术规范》GB 51249—2017 ······ 2-40
《防火卷帘、防火门、防火窗施工及验收规范》GB 50877—2014 ······ 2-41
《钢结构设计标准》GB 50017—2017 ······ 2-42
《钢结构工程施工规范》GB 50755—2012 ······ 2-43
《钢管混凝土结构技术规范》GB 50936—2014 ······ 2-44
《木结构设计标准》GB 50005—2017 ······ 2-45
《门式刚架轻型房屋钢结构技术规范》GB 51022—2015 ······ 2-46
《冷弯薄壁型钢结构技术规范》GB 50018—2002 ······ 2-47
《建筑结构可靠性设计统一标准》GB 50068—2018 ······ 2-48
《建筑施工安全技术统一规范》GB 50870—2013 ······ 2-49
《屋面工程质量验收规范》GB 50207—2012 ······ 2-50
《建筑装饰装修工程质量验收标准》GB 50210—2018 ······ 2-51
《通用安装工程工程量计算规范》GB 50856—2013 ······ 2-52
《硬泡聚氨酯保温防水工程技术规范》GB 50404—2017 ······ 2-53
《民用建筑可靠性鉴定标准》GB 50292—2015 ······ 2-54
《岩土工程勘察安全标准》GB/T 50585—2019 ······ 2-55
《装配式混凝土建筑技术标准》GB/T 51231—2016 ······ 2-56
《装配式钢结构建筑技术标准》GB/T 51232—2016 ······ 2-57
《装配式木结构建筑技术标准》GB/T 51233—2016 ······ 2-58
《木骨架组合墙体技术标准》GB/T 50361—2018 ······ 2-59
《胶合木结构技术规范》GB/T 50708—2012 ······ 2-60
《钢结构现场检测技术标准》GB/T 50621—2010 ······ 2-61
《村镇住宅结构施工及验收规范》GB/T 50900—2016 ······ 2-62
《古建筑木结构维护与加固技术标准》GB/T 50165—2020 ······ 2-63
《建筑外墙外保温防火隔离带技术规程》JGJ 289—2012 ······ 2-64
《非结构构件抗震设计规范》JGJ 339—2015 ······ 2-65
《采光顶与金属屋面技术规程》JGJ 255—2012 ······ 2-66
《倒置式屋面工程技术规程》JGJ 230—2010 ······ 2-67
《建筑遮阳工程技术规范》JGJ 237—2011 ······ 2-68
《索结构技术规程》JGJ 257—2012 ······ 2-69
《点挂外墙板装饰工程技术规程》JGJ 321—2014 ······ 2-70
《保温防火复合板应用技术规程》JGJ/T 350—2015 ······ 2-71
《交错桁架钢结构设计规程》JGJ/T 329—2015 ······ 2-72
《铝合金结构工程施工规程》JGJ/T 216—2010 ······ 2-73

《预制带肋底板混凝土叠合楼板技术规程》JGJ/T 258—2011 ········· 2-74
《轻型木桁架技术规范》JGJ/T 265—2012 ········· 2-75
《钢板剪力墙技术规程》JGJ/T 380—2015 ········· 2-76
《铸钢结构技术规程》JGJ/T 395—2017 ········· 2-77
《开合屋盖结构技术标准》JGJ/T 442—2019 ········· 2-78
《轻型模块化钢结构组合房屋技术标准》JGJ/T 466—2019 ········· 2-79
《轻型钢丝网架聚苯板混凝土构件应用技术规程》JGJ/T 269—2012 ········· 2-80
《密肋复合板结构技术规程》JGJ/T 275—2013 ········· 2-81
《外墙内保温工程技术规程》JGJ/T 261—2011 ········· 2-82
《聚苯模块保温墙体应用技术规程》JGJ/T 420—2017 ········· 2-83

2.4 其他专业领域

《镇规划标准》GB 50188—2007 ········· 2-84
《公园设计规范》GB 51192—2016 ········· 2-85
《工业企业总平面设计规范》GB 50187—2012 ········· 2-86
《风景名胜区详细规划标准》GB/T 51294—2018 ········· 2-87
《风景名胜区总体规划标准》GB/T 50298—2018 ········· 2-88
《住宅性能评定技术标准》GB/T 50362—2005 ········· 2-89
《建筑施工脚手架安全技术统一标准》GB 51210—2016 ········· 2-90
《古建筑修建工程施工与质量验收规范》JGJ 159—2008 ········· 2-91
《建筑幕墙工程检测方法标准》JGJ/T 324—2014 ········· 2-92

专用标准分册 1

3.1 房屋建筑工程

《汽车库、修车库、停车场设计防火规范》GB 50067—2014 ········· 3-1
《人民防空工程设计防火规范》GB 50098—2009 ················· 3-2
《农村防火规范》GB 50039—2010 ······························· 3-3
《民用建筑设计统一标准》GB 50352—2019 ······················· 3-4
《住宅建筑规范》GB 50368—2005 ······························· 3-5
《住宅设计规范》GB 50096—2011 ······························· 3-6
《住宅装饰装修工程施工规范》GB 50327—2001 ················· 3-7
《智能建筑设计标准》GB 50314—2015 ··························· 3-8
《智能建筑工程质量验收规范》GB 50339—2013 ················· 3-9
《智能建筑工程施工规范》GB 50606—2010 ······················ 3-10
《人民防空地下室设计规范》GB 50038—2005 ···················· 3-11
《洁净厂房设计规范》GB 50073—2013 ··························· 3-12
《中小学校设计规范》GB 50099—2011 ··························· 3-13
《数据中心设计规范》GB 50174—2017 ··························· 3-14
《冰雪景观建筑技术标准》GB 51202—2016 ······················ 3-15
《体育场馆公共安全通用要求》GB 22185—2008 ················· 3-16
《汽车加油加气加氢站技术标准》GB 50156—2021 ··············· 3-17
《锅炉房设计标准》GB 50041—2020 ····························· 3-18
《建筑地面设计规范》GB 50037—2013 ··························· 3-19
《电子会议系统工程设计规范》GB 50799—2012 ················· 3-20
《建筑工程施工质量评价标准》GB/T 50375—2016 ··············· 3-21
《村庄整治技术标准》GB/T 50445—2019 ························· 3-22
《试听室工程技术规范》GB/T 51091—2015 ······················ 3-23
《急救中心建筑设计标准》GB/T 50939—2013 ···················· 3-24
《文物建筑防火设计导则（试行）》 ······························ 3-25
《殡仪馆建筑设计规范》JGJ 124—99 ····························· 3-26
《看守所建筑设计规范》JGJ 127—2000 ··························· 3-27
《展览建筑设计规范》JGJ 218—2010 ····························· 3-28
《档案馆建筑设计规范》JGJ 25—2010 ··························· 3-29
《体育建筑设计规范》JGJ 31—2003 ····························· 3-30
《图书馆建筑设计规范》JGJ 38—2015 ····························· 3-31
《托儿所、幼儿园建筑设计规范》JGJ 39—2016（2019 年版） ····· 3-32
《老年人照料设施建筑设计标准》JGJ 450—2018 ················· 3-33
《商店建筑设计规范》JGJ 48—2014 ····························· 3-34
《剧场建筑设计规范》JGJ 57—2016 ····························· 3-35

《电影院建筑设计规范》JGJ 58—2008 ····· 3-36
《旅馆建筑设计规范》JGJ 62—2014 ····· 3-37
《饮食建筑设计标准》JGJ 64—2017 ····· 3-38
《博物馆建筑设计规范》JGJ 66—2015 ····· 3-39
《科研建筑设计标准》JGJ 91—2019 ····· 3-40
《轻型钢结构住宅技术规程》JGJ 209—2010 ····· 3-41
《低层冷弯薄壁型钢房屋建筑技术规程》JGJ 227—2011 ····· 3-42
《办公建筑设计标准》JGJ/T 67—2019 ····· 3-43
《公墓和骨灰寄存建筑设计规范》JGJ/T 397—2016 ····· 3-44
《文化馆建筑设计规范》JGJ/T 41—2014 ····· 3-45
《施工现场临时建筑物技术规范》JGJ/T 188—2009 ····· 3-46
《中小学校体育设施技术规程》JGJ/T 280—2012 ····· 3-47

专用标准分册 2

4.1 市政工程

《地铁设计防火标准》GB 51298—2018 ······ 4-1
《地铁设计规范》GB 50157—2013 ······ 4-2
《城市轨道交通技术规范》GB 50490—2009 ······ 4-3
《跨座式单轨交通设计规范》GB 50458—2008 ······ 4-4
《跨座式单轨交通施工及验收规范》GB 50614—2010 ······ 4-5
《电化学储能电站设计规范》GB 51048—2014 ······ 4-6
《烟囱工程技术标准》GB/T 50051—2021 ······ 4-7
《氧气站设计规范》GB 50030—2013 ······ 4-8
《民用爆炸物品工程设计安全标准》GB 50089—2018 ······ 4-9
《氢气站设计规范》GB 50177—2005 ······ 4-10
《加氢站技术规范》GB 50516—2010（2021年版） ······ 4-11
《地铁安全疏散规范》GB/T 33668—2017 ······ 4-12
《城市综合管廊工程技术规范》GB 50838—2015 ······ 4-13
《城镇燃气技术规范》GB 50494—2009 ······ 4-14
《城镇燃气设计规范》GB 50028—2006（2020年版） ······ 4-15
《生活垃圾卫生填埋处理技术规范》GB 50869—2013 ······ 4-16
《生活垃圾卫生填埋场封场技术规范》GB 51220—2017 ······ 4-17
《城市停车规划规范》GB/T 51149—2016 ······ 4-18
《城镇综合管廊监控与报警系统工程技术标准》GB/T 51274—2017 ······ 4-19
《城市地下空间规划标准》GB/T 51358—2019 ······ 4-20
《城市轨道交通给水排水系统技术标准》GB/T 51293—2018 ······ 4-21
《轻轨交通设计标准》GB/T 51263—2017 ······ 4-22
《交通客运站建筑设计规范》JGJ/T 60—2012 ······ 4-23
《动物园设计规范》CJJ 267—2017 ······ 4-24
《城市地下道路工程设计规范》CJJ 221—2015 ······ 4-25
《城镇污水处理厂污泥处理技术规程》CJJ 131—2009 ······ 4-26
《城市公共厕所设计标准》CJJ 14—2016 ······ 4-27
《燃气冷热电三联供工程技术规程》CJJ 145—2010 ······ 4-28
《城市户外广告设施技术规范》CJJ 149—2010 ······ 4-29
《污水处理卵形消化池工程技术规程》CJJ 161—2011 ······ 4-30
《餐厨垃圾处理技术规范》CJJ 184—2012 ······ 4-31
《直线电机轨道交通施工及验收规范》CJJ 201—2013 ······ 4-32
《环境卫生设施设置标准》CJJ 27—2012 ······ 4-33
《城镇供热管网工程施工及验收规范》CJJ 28—2014 ······ 4-34
《粪便处理厂运行维护及其安全技术规程》CJJ 30—2009 ······ 4-35

《生活垃圾堆肥处理技术规范》CJJ 52—2014 ········· 4-36
《聚乙烯燃气管道工程技术标准》CJJ 63—2018 ········· 4-37
《粪便处理厂设计规范》CJJ 64—2009 ········· 4-38
《生活垃圾堆肥处理厂运行维护技术规程》CJJ 86—2014 ········· 4-39
《城镇供热系统运行维护技术规程》CJJ 88—2014 ········· 4-40
《生活垃圾焚烧处理工程技术规范》CJJ 90—2009 ········· 4-41
《生活垃圾卫生填埋场运行维护技术规程》CJJ 93—2011 ········· 4-42
《生活垃圾填埋场填埋气体收集处理及利用工程技术规范》CJJ 133—2009 ········· 4-43
《二次供水工程技术规程》CJJ 140—2010 ········· 4-44
《中低速磁浮交通设计规范》CJJ/T 262—2017 ········· 4-45
《城市轨道交通站台屏蔽门系统技术规范》CJJ 183—2012 ········· 4-46
《城市桥梁设计规范》CJJ 11—2011（2019年版）········· 4-47
《城市道路工程设计规范》CJJ 37—2012（2016年版）········· 4-48
《快速公共汽车交通系统设计规范》CJJ 136—2010 ········· 4-49
《城市快速路设计规程》CJJ 129—2009 ········· 4-50
《家用燃气燃烧器具安装及验收规程》CJJ 12—2013 ········· 4-51
《埋地塑料给水管道工程技术规程》CJJ 101—2016 ········· 4-52
《城市人行天桥与人行地道技术规程》CJJ 69—95 ········· 4-53
《城市道路绿化规划与设计规范》CJJ 75—97 ········· 4-54
《城镇燃气埋地钢质管道腐蚀控制技术规程》CJJ 95—2013 ········· 4-55
《城市道路照明工程施工及验收规程》CJJ 89—2012 ········· 4-56
《建筑排水塑料管道工程技术规程》CJJ/T 29—2010 ········· 4-57
《镇（乡）村仓储用地规划规范》CJJ/T 189—2014 ········· 4-58
《镇（乡）村给水工程规划规范》CJJ/T 246—2016 ········· 4-59
《供热站房噪声与振动控制技术规程》CJJ/T 247—2016 ········· 4-60
《城镇燃气管道穿跨越工程技术规程》CJJ/T 250—2016 ········· 4-61
《中低速磁浮交通供电技术规范》CJJ/T 256—2016 ········· 4-62
《乡镇集贸市场规划设计标准》CJJ/T 87—2020 ········· 4-63
《建筑给水塑料管道工程技术规程》CJJ/T 98—2014 ········· 4-64
《居住绿地设计标准》CJJ/T 294—2019 ········· 4-65
《生活垃圾焚烧厂评价标准》CJJ/T 137—2019 ········· 4-66
《建筑垃圾处理技术标准》CJJ/T 134—2019 ········· 4-67
《城镇排水系统电气与自动化工程技术标准》CJJ/T 120—2018 ········· 4-68
《城镇燃气报警控制系统技术规程》CJJ/T 146—2011 ········· 4-69
《城镇燃气加臭技术规程》CJJ/T 148—2010 ········· 4-70
《城镇供水与污水处理化验室技术规范》CJJ/T 182—2014 ········· 4-71
《燃气热泵空调系统工程技术规程》CJJ/T 216—2014 ········· 4-72
《城镇供热系统标志标准》CJJ/T 220—2014 ········· 4-73
《城镇桥梁钢结构防腐蚀涂装工程技术规程》CJJ/T 235—2015 ········· 4-74
《垂直绿化工程技术规程》CJJ/T 236—2015 ········· 4-75
《城镇污水处理厂臭气处理技术规程》CJJ/T 243—2016 ········· 4-76
《城镇燃气自动化系统技术规范》CJJ/T 259—2016 ········· 4-77
《生活垃圾转运站技术规范》CJJ/T 47—2016 ········· 4-78

《植物园设计标准》CJJ/T 300—2019 ······ 4-79

4.2 铁路工程

《铁路车站及枢纽设计规范》GB 50091—2006 ······ 4-80
《铁路旅客车站建筑设计规范》GB 50226—2007（2011年版） ······ 4-81
《铁路罐车清洗设施设计标准》GB/T 50507—2019 ······ 4-82
《铁路工程设计防火规范》TB 10063—2016 ······ 4-83
《铁路机务设备设计规范》TB 10004—2018 ······ 4-84
《铁路给水排水设计规范》TB 10010—2016 ······ 4-85
《铁路照明设计规范》TB 10089—2015 ······ 4-86
《铁路旅客车站设计规范》TB 10100—2018 ······ 4-87
《铁路瓦斯隧道技术规范》TB 10120—2019 ······ 4-88
《高速铁路设计规范》TB 10621—2014 ······ 4-89
《城际铁路设计规范》TB 10623—2014 ······ 4-90
《重载铁路设计规范》TB 10625—2017 ······ 4-91
《铁路隧道防灾疏散救援工程设计规范》TB 10020—2017 ······ 4-92
《铁路工程劳动安全与卫生设计规范》TB 10061—2019 ······ 4-93
《铁路工程基本作业施工安全技术规程》TB 10301—2020 ······ 4-94

4.3 公路工程

《公路工程质量检验评定标准 第二册 机电工程》JTG 2182—2020 ······ 4-95
《公路隧道通风设计细则》JTG/T D70/2-02—2014 ······ 4-96
《公路隧道设计规范 第二册 交通工程与附属设施》JTG D70/2—2014 ······ 4-97
《高速公路改扩建设计细则》JTG/T L11—2014 ······ 4-98
《高速公路改扩建交通工程及沿线设施设计细则》JTG/T L80—2014 ······ 4-99
《公路隧道照明设计细则》JTG/T D70/2-01—2014 ······ 4-100
《公路工程施工安全技术规范》JTG F90—2015 ······ 4-101
《公路隧道施工技术规范》JTG/T 3660—2020 ······ 4-102
《公路隧道养护技术规范》JTG H12—2015 ······ 4-103
《公路路基施工技术规范》JTG/T 3610—2019 ······ 4-104
《公路桥涵施工技术规范》JTG/T 3650—2020 ······ 4-105
《公路隧道交通工程与附属设施施工技术规范》JTG/T F72—2011 ······ 4-106

4.4 水利工程

《水利工程设计防火规范》GB 50987—2014 ······ 4-107
《水利水电工程厂（站）用电系统设计规范》SL 485—2010 ······ 4-108
《水利水电工程施工通用安全技术规程》SL 398—2007 ······ 4-109
《水利水电工程机电设备安装安全技术规程》SL 400—2016 ······ 4-110

4.5 煤炭矿山工程

《煤矿井下消防、洒水设计规范》GB 50383—2016 ······ 4-111

《煤炭矿井设计防火规范》GB 51078—2015 ········· 4-112
《钢筋混凝土筒仓设计标准》GB 50077—2017 ········· 4-113
《煤炭工业露天矿设计规范》GB 50197—2015 ········· 4-114
《煤炭工业矿井设计规范》GB 50215—2015 ········· 4-115
《水煤浆工程设计规范》GB 50360—2016 ········· 4-116
《煤矿井下车场及硐室设计规范》GB 50416—2017 ········· 4-117
《煤矿主要通风机站设计规范》GB 50450—2008 ········· 4-118
《煤炭工业建筑结构设计标准》GB 50583—2020 ········· 4-119
《煤矿矿井建筑结构设计规范》GB 50592—2010 ········· 4-120
《煤炭工业半地下储仓建筑结构设计规范》GB 50874—2013 ········· 4-121
《煤矿瓦斯发电工程设计规范》GB 51134—2015 ········· 4-122
《矿山提升井塔设计规范》GB 51184—2016 ········· 4-123
《煤矿建设项目安全设施设计审查和竣工验收规范》AQ/T 1055—2018 ········· 4-124
《煤矿建设安全规范》AQ 1083—2011 ········· 4-125

4.6 水运工程

《水运工程质量检验标准》JTS 257—2008 ········· 4-126
《水运工程建设项目环境影响评价指南》JTS/T 105—2021 ········· 4-127
《油气化工码头设计防火规范》JTS 158—2019 ········· 4-128
《水运工程设计通则》JTS 141—2011 ········· 4-129
《河港总体设计规范》JTS 166—2020 ········· 4-130
《船厂水工工程设计规范》JTS 190—2018 ········· 4-131
《船闸总体设计规范》JTJ 305—2001 ········· 4-132
《船闸电气设计规范》JTJ 310—2004 ········· 4-133
《海港总体设计规范》JTS 165—2013 ········· 4-134
《液化天然气码头设计规范》JTS 165—5—2021 ········· 4-135
《游艇码头设计规范》JTS 165—7—2014 ········· 4-136
《邮轮码头设计规范》JTS 170—2015 ········· 4-137
《海上固定转载平台设计规范》JTS 171—2016 ········· 4-138
《三峡船闸设施安全检测技术规程》JTS 196—5—2009 ········· 4-139
《长江三峡库区港口客运缆车安全设施技术规范》JTS 196—7—2007 ········· 4-140
《内河液化天然气加注码头设计规范》JTS 196—11—2016 ········· 4-141
《码头油气回收设施建设技术规范》JTS 196—12—2017 ········· 4-142
《海岸电台总体及工艺设计规范》JTJ/T 341—96 ········· 4-143
《港口地区有线电话通信系统工程设计规范》JTJ/T 343—96 ········· 4-144
《甚高频海岸电台工程设计规范》JTJ/T 345—99 ········· 4-145
《水运工程施工安全防护技术规范》JTS 205—1—2008 ········· 4-146
《集装箱码头计算机管理控制系统设计规范》JTJ/T 282—2006 ········· 4-147
《船舶交通管理系统工程技术规范》JTJ/T 351—96 ········· 4-148
《危险货物港口建设项目安全验收评价规范》JTS/T 108—2—2019 ········· 4-149
《危险货物港口建设项目安全预评价规范》JTS/T 108—1—2019 ········· 4-150

专用标准分册 3

5.1 民航工程

《民用机场航站楼设计防火规范》GB 51236—2017 5-1
《运输机场总体规划规范》MH/T 5002—2020 5-2
《民用运输机场供油工程设计规范》MH 5008—2017 5-3
《民用直升机场飞行场地技术标准》MH 5013—2014 5-4
《民用航空支线机场建设标准》MH 5023—2006 5-5
《小型民用运输机场供油工程设计规范》MH 5029—2014 5-6
《民用运输机场航站楼公共广播系统工程设计规范》MH/T 5020—2016 5-7
《通用航空供油工程建设规范》MH/T 5030—2014 5-8

5.2 航天与航空工程

《飞机库设计防火规范》GB 50284—2008 5-9
《航空工业理化测试中心设计规范》GB 50579—2010 5-10
《飞机喷漆机库设计规范》GB 50671—2011 5-11
《航空工业工程设计规范》GB 51170—2016 5-12
《航空发动机试车台设计标准》GB 50454—2020 5-13
《航空工业精密铸造车间设计规程》HBJ 15—2005 5-14
《航空工业复合材料车间和金属胶接车间设计规程》HBJ 16—2006 5-15
《航空工业特种焊接车间设计规程》HBJ 17—2006 5-16

5.3 兵器与船舶工程

《火炸药及其制品工厂建筑结构设计规范》GB 51182—2016 5-17
《火工品实验室工程技术规范》GB 51237—2017 5-18
《纵向倾斜船台及滑道设计规范》CB/T 8502—2005 5-19
《舾装码头设计规范》CB/T 8522—2011 5-20
《干船坞设计规范》CB/T 8524—2011 5-21

5.4 农业工程

《禽类屠宰与分割车间设计规范》GB 51219—2017 5-22
《牛羊屠宰与分割车间设计规范》GB 51225—2017 5-23
《大中型沼气工程技术规范》GB/T 51063—2014 5-24
《粮食钢板筒仓施工与质量验收规范》GB/T 51239—2017 5-25

5.5 林业工程

《中密度纤维板工程设计规范》GB 50822—2012 5-26

《刨花板工程设计规范》GB 50827—2012 ········· 5-27
《人造板工程职业安全卫生设计规范》GB 50889—2013 ········· 5-28
《饰面人造板工程设计规范》GB 50890—2013 ········· 5-29
《水源涵养林工程设计规范》GB/T 50885—2013 ········· 5-30
《用材竹林工程设计规范》GB/T 50920—2013 ········· 5-31
《速生丰产用材林工程设计规范》GB/T 50921—2013 ········· 5-32
《国家森林公园设计规范》GB/T 51046—2014 ········· 5-33
《城镇绿道工程技术标准》CJJ/T 304—2019 ········· 5-34
《防风固沙林工程设计规范》GB/T 51085—2015 ········· 5-35

5.6 粮食工程

《粮食平房仓设计规范》GB 50320—2014 ········· 5-36
《粮食钢板筒仓设计规范》GB 50322—2011 ········· 5-37

5.7 石油天然气工程

《石油天然气工程设计防火规范》GB 50183—2004 ········· 5-38
《气田集输设计规范》GB 50349—2015 ········· 5-39
《油气田集输管道施工规范》GB 50819—2013 ········· 5-40
《压缩天然气供应站设计规范》GB 51102—2016 ········· 5-41
《液化石油气供应工程设计规范》GB 51142—2015 ········· 5-42
《输气管道工程设计规范》GB 50251—2015 ········· 5-43
《输油管道工程设计规范》GB 50253—2014 ········· 5-44
《油田油气集输设计规范》GB 50350—2015 ········· 5-45
《地下水封石洞油库设计标准》GB/T 50455—2020 ········· 5-46
《石油储备库设计规范》GB 50737—2011 ········· 5-47
《油品装载系统油气回收设施设计规范》GB 50759—2012 ········· 5-48
《油气田及管道工程计算机控制系统设计规范》GB/T 50823—2013 ········· 5-49
《油气田及管道工程仪表控制系统设计规范》GB/T 50892—2013 ········· 5-50
《天然气净化厂设计规范》GB/T 51248—2017 ········· 5-51
《敞开式海上生产平台防火与消防的推荐作法》SY/T 10034—2020 ········· 5-52
《气体防护站设计规范》SY/T 6772—2009 ········· 5-53
《石油天然气工程建筑设计规范》SY/T 0021—2016 ········· 5-54
《稠油注汽系统设计规范》SY/T 0027—2014 ········· 5-55
《油气田变配电设计规范》SY/T 0033—2020 ········· 5-56
《石油天然气工程总图设计规范》SY/T 0048—2016 ········· 5-57
《滩海石油工程仪表与控制系统设计规范》SY/T 0310—2019 ········· 5-58
《滩海石油工程通信技术规范》SY/T 0311—2016 ········· 5-59
《导热油加热炉系统规范》SY/T 0524—2016 ········· 5-60
《管式加热炉规范》SY/T 0538—2012 ········· 5-61
《转运油库和储罐设施的设计、施工、操作、维护与检验》SY/T 0607—2006 ········· 5-62
《浮式生产系统规划、设计及建造的推荐作法》SY/T 10029—2016 ········· 5-63
《海上固定平台规划、设计和建造的推荐作法　工作应力设计法》

《海洋石油工程项目健康、安全与环境管理体系指南》
　　SY/T 10030—2018 ·· 5-64
《滩海油田油气集输设计规范》SY/T 4085—2012 ··· 5-65
《滩海结构物上管网设计与施工技术规范》SY/T 4086—2012 ··· 5-66
《地下储气库设计规范》SY/T 6848—2012 ··· 5-67
《高含硫气田水处理及回注工程设计规范》SY/T 6881—2012 ·· 5-68
《暖风加热和空气调节系统安装标准》SY/T 6981—2014 ·· 5-69
《石油天然气地面建设工程供暖通风与空气调节设计规范》
　　SY/T 7021—2014 ··· 5-70
《油气厂站钢管架结构设计规范》SY/T 7039—2016 ·· 5-71
《人工岛石油设施检验技术规范》SY/T 7051—2016 ·· 5-72
《天然气净化装置设备与管道安装工程施工技术规范》SY/T 0460—2018 ····································· 5-73
《海上生产设施设计和危险性分析推荐作法》SY/T 6776—2010 ·· 5-74
《通风空调系统的安装》SY/T 6982—2014 ··· 5-75
《滩海陆岸石油设施检验技术规范》SY/T 7050—2016 ·· 5-76
《人工岛总图及岛体结构技术规范》SY/T 6771—2017 ·· 5-77

5.8 石化工程

《储罐区防火堤设计规范》GB 50351—2014 ·· 5-78
《石油化工企业设计防火标准》GB 50160—2008（2018年版）··· 5-79
《石油库设计规范》GB 50074—2014 ·· 5-80
《橡胶工厂职业安全卫生设计标准》GB/T 50643—2018 ·· 5-81
《石油化工控制室抗爆设计规范》GB 50779—2012 ·· 5-82
《石油化工建设工程施工安全技术标准》GB/T 50484—2019 ·· 5-83
《石油化工粉体料仓防静电燃爆设计规范》GB 50813—2012 ·· 5-84
《液化天然气接收站工程设计规范》GB 51156—2015 ··· 5-85
《液化天然气低温管道设计规范》GB/T 51257—2017 ··· 5-86
《石油化工可燃气体和有毒气体检测报警设计标准》GB/T 50493—2019 ······································ 5-87
《石油化工循环水场设计规范》GB/T 50746—2012 ·· 5-88
《石油化工工程防渗技术规范》GB/T 50934—2013 ·· 5-89
《炼油装置火焰加热炉工程技术规范》GB/T 51175—2016 ··· 5-90
《石油化工液体物料铁路装卸车设施设计规范》GB/T 51246—2017 ·· 5-91
《石油化工钢结构防火保护技术规范》SH 3137—2013 ·· 5-92
《石油化工工艺装置布置设计规范》SH 3011—2011 ··· 5-93
《石油化工金属管道布置设计规范》SH 3012—2011 ··· 5-94
《石油工业用加热炉安全规程》SY 0031—2012 ·· 5-95
《石油化工给水排水系统设计规范》SH/T 3015—2019 ·· 5-96
《石油化工给水排水管道设计规范》SH 3034—2012 ··· 5-97
《石油化工建筑物结构设计规范》SH 3076—2013 ·· 5-98
《石油化工电气工程施工技术规程》SH 3612—2013 ··· 5-99
《石油化工企业职业安全卫生设计规范》SH/T 3047—2021 ·· 5-100
《长输油气管道站场布置规范》SH/T 3169—2012 ··· 5-101
《固体工业硫磺储存输送设计规范》SH/T 3175—2013 ·· 5-102

《石油化工自动化立体仓库设计规范》SH/T 3186—2017 ············ 5-103
《煤化工原（燃）料煤制备系统设计规范》SH/T 3189—2017 ············ 5-104
《石油化工采暖通风与空气调节设计规范》SH/T 3004—2011 ············ 5-105
《石油化工控制室设计规范》SH/T 3006—2012 ············ 5-106
《石油化工储运系统罐区设计规范》SH/T 3007—2014 ············ 5-107
《石油化工储运系统泵区设计规范》SH/T 3014—2012 ············ 5-108
《石油化工生产建筑设计规范》SH/T 3017—2013 ············ 5-109
《石油化工中心化验室设计规范》SH/T 3103—2019 ············ 5-110
《石油化工装置电力设计规范》SH/T 3038—2017 ············ 5-111
《石油化工装置电信设计规范》SH/T 3028—2007 ············ 5-112
《石油化工企业供电系统设计规范》SH/T 3060—2013 ············ 5-113
《石油化工电信设计规范》SH/T 3153—2021 ············ 5-114
《石油化工钢结构工程施工质量验收规范》SH/T 3507—2011 ············ 5-115
《石油化工钢结构工程施工技术规程》SH/T 3607—2011 ············ 5-116

5.9 化工工程

《发生炉煤气站设计规范》GB 50195—2013 ············ 5-117
《腈纶工厂设计标准》GB 50488—2018 ············ 5-118
《化工企业总图运输设计规范》GB 50489—2009 ············ 5-119
《生物液体燃料工厂设计规范》GB 50957—2013 ············ 5-120
《化工固体物料装卸系统设计规定》HG 20535—93 ············ 5-121
《化工厂控制室建筑设计规定》HG 20556—93 ············ 5-122
《化工建设项目环境保护监测站设计规定》HG/T 20501—2013 ············ 5-123
《控制室设计规范》HG/T 20508—2014 ············ 5-124
《化工粉体物料堆场及仓库设计规范》HG/T 20568—2014 ············ 5-125
《压缩机厂房建筑设计规定》HG/T 20673—2005 ············ 5-126
《化工企业供电设计技术规定》HG/T 20664—1999 ············ 5-127

专用标准分册 4

6.1 火电工程

《火力发电厂与变电站设计防火标准》GB 50229—2019 ·· 6-1
《小型火力发电厂设计规范》GB 50049—2011 ··· 6-2
《大中型火力发电厂设计规范》GB 50660—2011 ··· 6-3
《秸秆发电厂设计规范》GB 50762—2012 ·· 6-4
《联合循环机组燃气轮机施工及质量验收规范》GB 50973—2014 ···································· 6-5
《电力设施抗震设计规范》GB 50260—2013 ·· 6-6
《电力工程电缆设计标准》GB 50217—2018 ·· 6-7
《电气装置安装工程 低压电器施工及验收规范》GB 50254—2014 ···································· 6-8
《电气装置安装工程 爆炸和火灾危险环境电气装置施工及验收规范》
　　GB 50257—2014 ··· 6-9
《电气装置安装工程 66kV 及以下架空电力线路施工及验收规范》
　　GB 50173—2014 ·· 6-10
《20kV 及以下变电所设计规范》GB 50053—2013 ··· 6-11
《电热设备电力装置设计规范》GB 50056—1993 ·· 6-12
《爆炸危险环境电力装置设计规范》GB 50058—2014 ··· 6-13
《35kV～110kV 变电站设计规范》GB 50059—2011 ··· 6-14
《3～110kV 高压配电装置设计规范》GB 50060—2008 ··· 6-15
《66kV 及以下架空电力线路设计规范》GB 50061—2010 ·· 6-16
《1000kV 变电站设计规范》GB 50697—2011 ·· 6-17
《1000kV 架空输电线路设计规范》GB 50665—2011 ·· 6-18
《1000kV 输变电工程竣工验收规范》GB 50993—2014 ··· 6-19
《±800kV 直流架空输电线路设计规范》GB 50790—2013（2019 年版）··························· 6-20
《并联电容器装置设计规范》GB 50227—2017 ··· 6-21
《柔性直流输电系统成套设计规范》GB/T 35703—2017 ·· 6-22
《柔性直流输电换流站设计标准》GB/T 51381—2019 ··· 6-23
《±800kV 直流换流站设计规范》GB/T 50789—2012 ·· 6-24
《330kV～750kV 智能变电站设计规范》GB/T 51071—2014 ··· 6-25
《110（66）kV～220kV 智能变电站设计规范》GB/T 51072—2014 ·································· 6-26
《高压直流换流站设计规范》GB/T 51200—2016 ··· 6-27
《电力设备典型消防规程》DL 5027—2015 ·· 6-28
《电力建设安全工作规程 第1部分：火力发电》DL 5009.1—2014 ·································· 6-29
《电力建设安全工作规程 第2部分：电力线路》DL 5009.2—2013 ·································· 6-30
《电力建设安全工作规程 第3部分：变电站》DL 5009.3—2013 ····································· 6-31
《风力发电场设计技术规范》DL/T 5383—2007 ·· 6-32
《火力发电厂职业安全设计规程》DL 5053—2012 ··· 6-33

《农村住宅电气工程技术规范》DL/T 5717—2015 ·············· 6-34
《水利水电工程施工安全防护设施技术规范》SL 714—2015 ·············· 6-35
《水电水利工程施工通用安全技术规程》DL/T 5370—2017 ·············· 6-36
《水电水利工程金属结构与机电设备安装安全技术规程》DL/T 5372—2017 ·············· 6-37
《水电水利工程施工作业人员安全操作规程》DL/T 5373—2017 ·············· 6-38
《燃气分布式供能站设计规范》DL/T 5508—2015 ·············· 6-39
《智能变电站设计技术规定》DL/T 5510—2016 ·············· 6-40
《电力工程电缆防火封堵施工工艺导则》DL/T 5707—2014 ·············· 6-41
《变电站建筑结构设计技术规程》DL/T 5457—2012 ·············· 6-42
《发电厂和变电站照明设计技术规定》DL/T 5390—2014 ·············· 6-43
《变电站总布置设计技术规程》DL/T 5056—2007 ·············· 6-44
《35kV～220kV 变电站无功补偿装置设计技术规定》DL/T 5242—2010 ·············· 6-45
《高压配电装置设计规范》DL/T 5352—2018 ·············· 6-46
《220kV～750kV 变电站设计技术规程》DL/T 5218—2012 ·············· 6-47
《35kV～220kV 无人值班变电站设计技术规程》DL/T 5103—2012 ·············· 6-48
《35kV～220kV 城市地下变电站设计规程》DL/T 5216—2017 ·············· 6-49
《串补站设计技术规程》DL/T 5453—2020 ·············· 6-50
《电力电缆隧道设计规程》DL/T 5484—2013 ·············· 6-51
《35kV～110kV 户内变电站设计规程》DL/T 5495—2015 ·············· 6-52
《220kV～500kV 户内变电站设计规程》DL/T 5496—2015 ·············· 6-53
《330kV～500kV 无人值班变电站设计技术规程》DL/T 5498—2015 ·············· 6-54
《35kV 及以下电力用户变电所建设规范》DL/T 5725—2015 ·············· 6-55
《火力发电厂建筑设计规程》DL/T 5094—2012 ·············· 6-56
《火力发电厂烟气脱硝设计技术规程》DL/T 5480—2013 ·············· 6-57
《火力发电厂运煤设计技术规程 第1部分：运煤系统》DL/T 5187.1—2016 ·············· 6-58
《火力发电厂运煤设计技术规程 第2部分：煤尘防治》DL/T 5187.2—2019 ·············· 6-59
《火力发电厂运煤设计技术规程 第3部分：运煤自动化》DL/T 5187.3—2012 ·············· 6-60
《火力发电厂建筑装修设计标准》DL/T 5029—2012 ·············· 6-61
《发电厂油气管道设计规程》DL/T 5204—2016 ·············· 6-62

6.2 水电工程

《水电工程设计防火规范》GB 50872—2014 ·············· 6-63
《地热电站设计规范》GB 50791—2013 ·············· 6-64
《光伏发电站施工规范》GB 50794—2012 ·············· 6-65
《小型水力发电站设计规范》GB 50071—2014 ·············· 6-66
《小型水电站技术改造规范》GB/T 50700—2011 ·············· 6-67
《小型水电站安全检测与评价规范》GB/T 50876—2013 ·············· 6-68
《风电场设计防火规范》NB 31089—2016 ·············· 6-69
《水电站厂房设计规范》NB 35011—2016 ·············· 6-70
《高海拔风力发电机组技术导则》NB/T 31074—2015 ·············· 6-71
《风电场工程建筑设计规范》NB/T 31128—2017 ·············· 6-72

《水电站地下厂房设计规范》NB/T 35090—2016 ·· 6-73
《水力发电厂供暖通风与空气调节设计规范》NB/T 35040—2014 ········ 6-74
《氢冷发电机供氢系统防爆安全验收导则》NB/T 25073—2017 ············ 6-75

6.3 核工业工程

《核电厂常规岛设计防火规范》GB 50745—2012 ······································ 6-76
《核电厂防火设计规范》GB/T 22158—2021 ··· 6-77
《核工业铀矿冶工程设计规范》GB 50521—2009 ···································· 6-78
《核电厂常规岛设计规范》GB/T 50958—2013 ·· 6-79
《铀转化设施设计规范》GB/T 51013—2014 ··· 6-80
《铀浓缩工厂工艺气体管道工程施工及验收规范》GB/T 51012—2014 ···· 6-81
《核电厂总平面及运输设计规范》GB/T 50294—2014 ···························· 6-82

6.4 建材工程

《水泥工厂设计规范》GB 50295—2016 ··· 6-83
《平板玻璃工厂设计规范》GB 50435—2016 ··· 6-84
《聚酯工厂设计规范》GB 50492—2009 ··· 6-85
《建筑卫生陶瓷工厂设计规范》GB 50560—2010 ···································· 6-86
《水泥工厂余热发电设计标准》GB 50588—2017 ···································· 6-87
《装饰石材工厂设计规范》GB 50897—2013 ··· 6-88
《水泥窑协同处置垃圾工程设计规范》GB 50954—2014 ························ 6-89
《装饰石材矿山露天开采工程设计规范》GB 50970—2014 ···················· 6-90
《加气混凝土工厂设计规范》GB 50990—2014 ·· 6-91
《纤维增强硅酸钙板工厂设计规范》GB 51107—2015 ···························· 6-92
《光伏压延玻璃工厂设计规范》GB 51113—2015 ···································· 6-93
《固相缩聚工厂设计规范》GB 51115—2015 ··· 6-94
《玻璃纤维工厂设计标准》GB 51258—2017 ··· 6-95
《水泥工厂职业安全卫生设计规范》GB 50577—2010 ···························· 6-96
《岩棉工厂设计标准》GB/T 51379—2019 ··· 6-97
《水泥工业劳动安全卫生设计规定》JCJ 10—1997 ·································· 6-98

6.5 冶金工程

《钢铁冶金企业设计防火标准》GB 50414—2018 ···································· 6-99
《冶金电气设备工程安装验收规范》GB 50397—2007 ···························· 6-100
《炼钢机械设备工程安装验收规范》GB 50403—2017 ···························· 6-101
《烧结厂设计规范》GB 50408—2015 ··· 6-102
《型钢轧钢工程设计规范》GB 50410—2014 ··· 6-103
《高炉炼铁工程设计规范》GB 50427—2015 ··· 6-104
《炼焦工艺设计规范》GB 50432—2007 ··· 6-105
《炼钢工程设计规范》GB 50439—2015 ··· 6-106
《钢铁厂工业炉设计规范》GB 50486—2009 ··· 6-107

《铁矿球团工程设计标准》GB/T 50491—2018 ················· 6-108
《高炉煤气干法袋式除尘设计规范》GB 50505—2009 ················· 6-109
《钢铁企业总图运输设计规范》GB 50603—2010 ················· 6-110
《高炉喷吹煤粉工程设计规范》GB 50607—2010 ················· 6-111
《钢铁企业节能设计标准》GB/T 50632—2019 ················· 6-112
《钢铁企业给水排水设计规范》GB 50721—2011 ················· 6-113
《挤压钢管工程设计规范》GB 50754—2012 ················· 6-114
《冷轧带钢工厂设计规范》GB 50930—2013 ················· 6-115
《冶金烧结球团烟气氨法脱硫设计规范》GB 50965—2014 ················· 6-116
《工业企业干式煤气柜安全技术规范》GB 51066—2014 ················· 6-117
《钢铁企业喷雾焙烧法盐酸废液再生工程技术规范》GB 51093—2015 ················· 6-118
《钢铁企业煤气储存和输配系统施工及质量验收规范》GB 51164—2016 ················· 6-119
《人工制气厂站设计规范》GB 51208—2016 ················· 6-120
《钢铁企业煤气储存和输配系统设计规范》GB 51128—2015 ················· 6-121
《转炉煤气净化及回收工程技术规范》GB 51135—2015 ················· 6-122
《煤气余压发电装置技术规范》GB 50584—2010 ················· 6-123
《冶金机械液压、润滑和气动设备工程安装验收规范》GB/T 50387—2017 ················· 6-124
《烧结机械设备工程安装验收标准》GB/T 50402—2019 ················· 6-125
《线材轧钢工程设计标准》GB/T 50436—2017 ················· 6-126
《工业建筑涂装设计规范》GB/T 51082—2015 ················· 6-127
《露天金属矿施工组织设计规范》GB/T 51111—2015 ················· 6-128

6.6 有色金属工程

《有色金属工程设计防火规范》GB 50630—2010 ················· 6-129
《多晶硅工厂设计规范》GB 51034—2014 ················· 6-130
《有色金属企业总图运输设计规范》GB 50544—2009 ················· 6-131
《有色金属矿山井巷工程设计规范》GB 50915—2013 ················· 6-132
《铅锌冶炼厂工艺设计规范》GB 50985—2014 ················· 6-133
《有色金属矿山工程测控设计规范》GB/T 51196—2016 ················· 6-134
《酸性烟气输送管道及设备内衬施工技术规程》YS/T 5429—2016 ················· 6-135

6.7 机械工程

《机械工业厂房建筑设计规范》GB 50681—2011 ················· 6-136
《机械工程建设项目职业安全卫生设计规范》GB 51155—2016 ················· 6-137
《机械工厂电力设计规范》JBJ 6—1996 ················· 6-138

6.8 医药工程

《医院洁净手术部建筑技术规范》GB 50333—2013 ················· 6-139
《生物安全实验室建筑技术规范》GB 50346—2011 ················· 6-140
《实验动物设施建筑技术规范》GB 50447—2008 ················· 6-141
《传染病医院建筑施工及验收规范》GB 50686—2011 ················· 6-142

《传染病医院建筑设计规范》GB 50849—2014 ······ 6-143
《疾病预防控制中心建筑技术规范》GB 50881—2013 ······ 6-144
《综合医院建筑设计规范》GB 51039—2014 ······ 6-145
《精神专科医院建筑设计规范》GB 51058—2014 ······ 6-146
《医药工艺用水系统设计规范》GB 50913—2013 ······ 6-147
《医药工程安全风险评估技术标准》GB/T 51116—2016 ······ 6-148

6.9 轻工工程

《酒厂设计防火规范》GB 50694—2011 ······ 6-149
《地下及覆土火药炸药仓库设计安全规范》GB 50154—2009 ······ 6-150
《烟花爆竹工程设计安全规范》GB 50161—2009 ······ 6-151
《医药工业洁净厂房设计标准》GB 50457—2019 ······ 6-152
《食品工业洁净用房建筑技术规范》GB 50687—2011 ······ 6-153
《硅太阳能电池工厂设计规范》GB 50704—2011 ······ 6-154
《乳制品厂设计规范》GB 50998—2014 ······ 6-155
《制浆造纸厂设计规范》GB 51092—2015 ······ 6-156
《硝化甘油生产废水处理设施技术规范》GB/T 51146—2015 ······ 6-157
《硝胺类废水处理设施技术规范》GB/T 51147—2015 ······ 6-158

6.10 纺织工程

《纺织工程设计防火规范》GB 50565—2010 ······ 6-159
《印染工厂设计规范》GB 50426—2016 ······ 6-160
《非织造布工厂技术标准》GB 50514—2020 ······ 6-161
《维纶工厂设计规范》GB 50529—2009 ······ 6-162
《粘胶纤维工厂技术标准》GB 50620—2020 ······ 6-163
《锦纶工厂设计标准》GB/T 50639—2019 ······ 6-164
《服装工厂设计规范》GB 50705—2012 ······ 6-165
《丝绸工厂设计规范》GB 50926—2013 ······ 6-166
《氨纶工厂设计规范》GB 50929—2013 ······ 6-167
《毛纺织工厂设计规范》GB 51052—2014 ······ 6-168
《针织工厂设计规范》GB 51112—2015 ······ 6-169
《纤维素纤维用浆粕工厂设计规范》GB 51139—2015 ······ 6-170
《色织和牛仔布工厂设计规范》GB 51159—2016 ······ 6-171
《精对苯二甲酸工厂设计规范》GB 51205—2016 ······ 6-172
《纺织工业职业安全卫生设施设计标准》GB 50477—2017 ······ 6-173
《麻纺织工厂设计规范》GB 50499—2009 ······ 6-174
《棉纺织工厂设计标准》GB/T 50481—2019 ······ 6-175
《涤纶工厂设计标准》GB/T 50508—2019 ······ 6-176
《双向拉伸薄膜工厂设计标准》GB/T 51264—2017 ······ 6-177

6.11 商业与物资工程

《物流建筑设计规范》GB 51157—2016 ·········· 6-178
《冷库设计标准》GB 50072—2021 ·········· 6-179

6.12 电子与通信工程

《洁净室施工及验收规范》GB 50591—2010 ·········· 6-180
《特种气体系统工程技术标准》GB 50646—2020 ·········· 6-181
《光缆生产厂工艺设计规范》GB 51067—2014 ·········· 6-182
《洁净厂房施工及质量验收规范》GB 51110—2015 ·········· 6-183
《集成电路封装测试厂设计规范》GB 51122—2015 ·········· 6-184
《光纤器件生产厂工艺设计规范》GB 51123—2015 ·········· 6-185
《印制电路板工厂设计规范》GB 51127—2015 ·········· 6-186
《薄膜晶体管液晶显示器工厂设计规范》GB 51136—2015 ·········· 6-187
《发光二极管工厂设计规范》GB 51209—2016 ·········· 6-188
《共烧陶瓷混合电路基板厂设计标准》GB 51291—2018 ·········· 6-189
《数据中心设计规范》GB 50174—2017 ·········· 6-190
《电子工业洁净厂房设计规范》GB 50472—2008 ·········· 6-191
《电子工业职业安全卫生设计规范》GB 50523—2010 ·········· 6-192
《电子工厂化学品系统工程技术规范》GB 50781—2012 ·········· 6-193
《城市轨道交通公共安全防范系统工程技术规范》GB 51151—2016 ·········· 6-194
《电力调度通信中心工程设计规范》GB/T 50980—2014 ·········· 6-195
《通信局站共建共享技术规范》GB/T 51125—2015 ·········· 6-196
《微组装生产线工艺设计规范》GB/T 51198—2016 ·········· 6-197

6.13 广播电影电视工程

《混凝土电视塔结构技术规范》GB 50342—2003 ·········· 6-198
《广播电影电视建筑设计防火标准》GY 5067—2017 ·········· 6-199
《有线广播电视网络管理中心设计规范》GY 5082—2010 ·········· 6-200
《广播电视微波站（台）工程设计规范》GY/T 5031—2013 ·········· 6-201
《中、短波广播发射台设计规范》GY/T 5034—2015 ·········· 6-202